ICS 93.160

P55

备案号：69680－2020

DB21

辽 宁 省 地 方 标 准

DB21/T 3216—2019

大体积水工混凝土渗漏探测导则

Guide for leakage detection of mass hydraulic concrete

2019-12-20 发布　　　　　　　　　　2020-1-20 实施

辽宁省市场监督管理局　发 布

图书在版编目(CIP)数据

大体积水工混凝土渗漏探测导则/辽宁省水利水电科
学研究院有限责任公司编 . —郑州：黄河水利出版社，
2020.6

ISBN 978 - 7 - 5509 - 2699 - 8

Ⅰ.①大…　Ⅱ.①辽…　Ⅲ.①大体积混凝土施工 -
水工结构 - 水库渗漏 - 探测技术 - 地方标准 - 辽宁

Ⅳ.①TV698.2 - 65

中国版本图书馆 CIP 数据核字（2020）第 112072 号

出　版　社：黄河水利出版社　　　　　　　　网址：www.yrcp.com
　　　　　　地址：河南省郑州市顺河路黄委会综合楼 14 层　邮政编码：450003
发行单位：黄河水利出版社
　　　　　　发行部电话：0371 - 66026940、66020550、66028024、66022620（传真）
　　　　　　E-mail：hhslcbs@126.com
承印单位：虎彩印艺股份有限公司
开本：890 mm × 1 240 mm　1/16
印张：1
字数：30 千字　　　　　　　　　　　印数：1—1 000
版次：2020 年 6 月第 1 版　　　　　　印次：2020 年 6 月第 1 次印刷
责任编辑：冯俊娜　　　　　　　　　　封面设计：李鹏
责任校对：兰文峡　　　　　　　　　　责任监制：常红昕

定价：20.00 元

目　次

前　言

本标准按照 GB/T 1.1 给出的规则起草。

本标准由辽宁省水利厅提出并归口。

本标准主要由辽宁省水利水电科学研究院有限责任公司起草。

辽宁江河水利水电新技术设计研究院有限公司、辽宁江海水利工程公司参与起草。

本标准主要起草人为王健、周凯、江玉君、宋立元、夏海江、汪魁峰、胡庆华、刘大为、李日芳、刘波、张永先、戈新春、李括、张欣、宫旭、张瑞、杨春旗、唐树新、张玉东、姜涛、汤彦明、臧志刚、吴硕、刘柳、韩炯清、李伟榕、王庆、李国庆、李志环、张忠孝、张为然、邵大明、马忠华、李松、董雪、关颖红、谢楠、宋兵伟、马秀梅、冯国军、肖忆明、韩旭、张书详、冯云晓、伞小雨、谭艳芳、吴庆山、张银凤、孟祥彪。

本标准发布实施后，任何单位和个人如有问题和意见建议，均可以通过来电和来函等方式进行反馈，我们将及时答复并认真处理，根据实际情况依法进行评估及复审。

归口管理部门通讯地址和联系电话：辽宁省沈阳市和平区十四纬路 5 - 6 号，024 - 62181315。

标准起草单位通讯地址和联系电话：辽宁省沈阳市和平区十四纬路 5 - 4 号，024 - 62181253。

大体积水工混凝土渗漏探测导则

1 总则

1.1 本标准规定了大体积水工混凝土渗漏探测的现状调查、方案制定、现场探测、结论及建议。

1.2 本标准适用于大体积水工混凝土渗漏探测及结果评价。

1.3 大体积水工混凝土渗漏探测应遵循"因地制宜，多措并举，探径寻源"的原则。

1.4 大体积水工混凝土渗漏探测除应符合本标准外，尚应符合国家和行业现行有关标准的规定。

2 规范性引用文件

下列文件对于本标准的应用是必不可少的。凡是注明日期的引用文件，仅注日期的版本适用于本标准；凡是不注日期的引用文件，其最新版本适用于本标准。

DL/T 5152　水工混凝土水质分析试验规程

DL/T 5178　混凝土坝安全监测技术规范

DL/T 5251　水工混凝土建筑物缺陷检测和评估技术规程

DL/T 5315　水工混凝土建筑物修补加固技术规程

NB/T 35052　水电工程地质勘察水质分析规程

SL 230　混凝土坝养护修理规程

SL 326　水利水电工程物探规程

SL 396　水利水电工程水质分析规程

SL 436　堤防隐患探测规程

SL 551　土石坝安全监测技术规范

SL 601　混凝土坝安全监测技术规范

SL 713　水工混凝土结构缺陷检测技术规程

3 术语

3.1 大体积混凝土　mass concrete

混凝土结构物实体最小几何尺寸不小于 1 m 的大体积混凝土，或预计会因混凝土中胶凝材料水化引起的温度变化和收缩而导致有害裂缝产生的混凝土。

3.2 渗漏　leakage

透过结构或防水层的水量大于该部位的蒸发量，并在背水面形成湿渍或渗流的一种现象。

3.3 探测　detection

使用适当的技术手段进行定位或评判的技术与方法。

4 基本规定

4.1 大体积水工混凝土主要渗漏部位为裂缝或施工缝、伸缩缝或变形缝、空洞等处，具体表现形式为点渗漏（或集中渗漏）、线渗漏和面渗漏（或散渗）。

4.2 大体积水工混凝土渗漏应按本标准要求对渗漏量、渗漏源、渗漏通道等进行探测。

4.3 大体积水工混凝土渗漏探测工作宜按图 4.3.1 所示的流程框图进行。

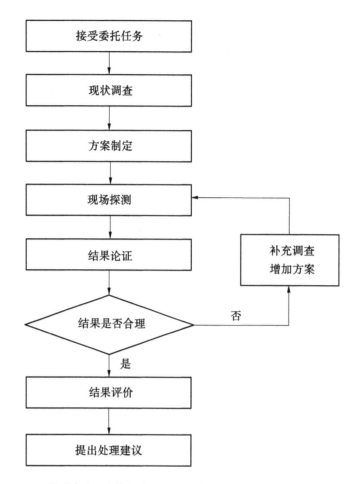

图 4.3.1 大体积水工混凝土渗漏探测工作流程框图

5 现状调查

5.1 现状调查时间应选在夏、秋季，上、下游水位差较大的工况。

5.2 接受委托任务后，应先进行现状调查。现状调查可分为普查和详查两部分。

5.2.1 普查宜包括下列内容：

a) 渗漏状况：渗漏类型、部位和范围，渗漏水来源、途径、是否与上游水相通、渗流量、压力、浊度，渗漏发现时间，是否经过处理等，并将调查结果绘成图表。

b) 溶蚀状况：部位、渗析物的颜色、形状、数量。

c) 安全监测资料：变形、渗流、温度、应力及水位等。

d) 设计资料：设计依据的规范、设计图、设计说明书、设计选用的材料及其性能指标、地质资料等。

e) 施工情况：材料、配合比、试验数据、浇筑及养护、温控防裂措施、质量控制记录、工程进度、施工环境、竣工资料、验收报告等。

f) 运行管理状况：作用（荷载）、水位、温度、地下水的变化，混凝土养护修理情况等。

5.2.2 详查宜包括下列内容：

a) 渗漏状况详查，分析渗流量与库水位、温度、湿度、时间的关系。

b) 工程水文地质状况和水质分析。

c) 按实际作用（荷载）进行设计复核。

5.3 现状调查过程中尚需咨询有关人员、了解现场作业条件，为方案制定和现场探测做准备。

6 方案制定

6.1 一般规定

6.1.1 根据现状调查结果，对大体积水工混凝土渗漏产生原因进行初步分析，为制定渗漏探测方案提供依据。大体积水工混凝土渗漏主要成因分析见附录 A 或 DL/T 5251。

6.1.2 基于主要探测与辅助探测相结合的原则，明确要探测的项目内容和方法措施，制定大体积水工混凝土渗漏探测方案。

6.2 探测项目

6.2.1 主要探测项目宜包括渗漏量、渗漏特征、渗漏状态、渗漏源及渗漏通道等。

6.2.2 辅助探测项目宜包括混凝土抗压强度、密度、抗渗等级、弹性模量，混凝土内部缺陷、钢筋锈蚀情况、有无埋设管路、监测设备、线缆等。

6.3 探测方法

6.3.1 主要探测项目宜采用的方法如下：

    a）渗漏量可采用容积法、量水堰法等进行测量。

    b）渗漏特征和渗漏状态可采用拍照、计时、目测等手段进行描述。

    c）渗漏源及渗漏通道可采用拟流场法、水质分析法、离子示踪法、钻孔直接观测法/观测扬压力法、自然流场法、孔内电视法等方法探测。

6.3.2 辅助探测项目宜采用的方法如下：

    a）混凝土抗压强度、密度、抗渗等级、弹性模量等宜采用钻芯法检测。

    b）混凝土内部缺陷、管路及线缆、钢筋锈蚀等宜采用雷达法、超声法、冲击回波法、弹性波CT法、半电池电位法、钻孔法等探测。

7 现场探测

7.1 容积法和量水堰法探测渗漏量

7.1.1 采用容积法探测渗漏量，可在一定时间内通过量筒或针管取渗漏水称量并计算出流量。

7.1.2 采用量水堰法探测渗漏量，可参照 DL/T 5178 或 SL 551 执行。

7.2 拟流场法探测渗漏源

7.2.1 主要利用电流场模拟渗漏水流场原理探测渗漏进水口位置，可参照 SL 436 或 SL 713 执行。

7.2.2 拟流场法探测采用的仪器应符合下列要求：

    a）应具有特殊编码波形电流场信号发送机和接收机。

    b）发送机供电电流一般取 400~500 mA，且连续工作时间应大于 7 h。

    c）接收机灵敏度应优于 1.0×10^{-4} A/m^2，输入阻抗应大于 150 kΩ，工频抗干扰应大于 50 dB，连续工作时间应大于 7 h。

7.2.3 现场探测应符合下列要求：

    a）被探测区内不应有电导率小于水的介质存在。

    b）探测时宜点测扫描，点间距可根据地质条件、测量精度而异。

    c）测线间距宜为 1~5 m。

7.3 水质分析法探测渗漏源和渗漏通道

7.3.1 主要利用渗漏进、出口水体中离子浓度相近原理探测渗漏源，并初步判断渗漏通道。

7.3.2 寻找渗漏水与周围水体具有差异特性的离子，通过对比不同位置取得的水样中的主要离子含量和浓度，找出水质相似的水样，判断渗漏进、出口水之间的相关性。

7.3.3 水质分析试验主要离子应包括钾离子、钠离子、钙离子、镁离子、氯离子、硫酸根离子等。

7.3.4 水质分析试验应满足 DL/T 5152、NB/T 35052 或 SL 396 规定的试验要求。

7.4 离子示踪法探测渗漏通道

7.4.1 主要利用对水体无污染的无机盐离子标记天然流场或人工流场中的渗漏水流，用示踪或稀释原理探测渗漏通道，可参照 SL436 执行。

7.4.2 采用离子示踪法探测渗漏通道应满足的条件：渗漏水流速大于 1×10^{-6} m/s（0.086 4 m/d）。

7.4.3 离子示踪法探测采用的仪器应符合以下要求：

a）当垂向流速 $V_v > 0.1$ m/d 时，垂向流速测试相对误差应小于 3%；当水平流速 $V_f > 0.01$ m/d 时，水平流速测试相对误差应小于 5%。

b）水平流速测试范围为 0.05～100 m/d。

c）垂向流速测试范围为 0.1～100 m/d。

7.4.4 现场探测应符合下列要求：

a）探测前，应对可能渗漏源附近水体和渗漏出口水体进行水质分析，以便确定不同位置处水体中的指定离子的浓度。

b）在可能的渗漏源附近投放的指定离子浓度应远大于附近水体中相同离子的浓度，浓度倍数应不低于 100 倍。

c）在不同渗漏源选择不同离子投放后，应每隔 5～6 h 定期取渗漏出口水进行水质分析，直至出口渗漏水中离子浓度值回到投放前水平。

d）现场测量时，均应对测量仪器进行本底测量和置零，以及现场测量方向的校正。

7.5 渗漏探测其他方法

7.5.1 钻孔观测扬压力法可探测大体积混凝土基底排水设施运行状况，间接判断渗漏水源头。采用该方法探测时，应沿顺水流方向至少布置 3 个观测孔，且应布置在防渗体系下游侧，可参照 SL 601 执行。

7.5.2 自然电场法可用于探测集中渗流，确定渗漏进口位置及流向。采用该方法探测时，要求渗漏产生的流场有较大的压力差，在渗透过滤、扩散吸附等作用下能够形成较强的自然电场，而且要求测区内没有较强的工业游散电流、大地电流或电磁干扰，可参照 SL 326 执行。

7.5.3 孔内电视法可直接观察大体积混凝土浇筑质量、基岩裂隙发展情况，间接推断渗漏水源头。该方法可配合钻孔观测扬压力法同步进行。

7.5.4 对水面以下的裂缝渗漏或变形缝渗漏探测可采用潜水员、水下机器人视频检查与示踪探测等相结合的方式进行。

7.5.5 对于因渗漏造成混凝土浅层吸水饱和但表面尚未发现渗漏的情况，可采用红外线成像法进行探测；对于在建或拟建工程可埋设分布式光纤温度—渗漏系统进行长期监测。

8 结论及建议

8.1 探测结论

8.1.1 常规数据处理步骤应包括导入数据、分析资料、参数选择、绘制图像、图像解析、确定性质、验证结果，组织验证。

8.1.2 拟流场法和离子示踪法数据处理，可参照 SL 326 执行。

8.1.3 将渗漏探测结果与附录 A 中表 A.1 进行对照分析，查找渗漏原因。根据渗漏原因，确定渗漏源、渗漏通道，得出探测结论。

8.1.4 当根据上述方法仍无法推断渗漏来源、渗漏途径时，在充分调查分析工程防渗体系（如帷幕、防渗墙、止水、基础排水管网、基岩裂隙处理、地基不透水层位置等）设计、施工及运行监测资料的基础上，进行专题研究。

8.1.5 探测成果报告宜包括概况、探测原理与方法技术、资料分析与解释、验证情况、结论和建议、有关附图附表等内容，具体可参照 SL 326 执行。

8.2 处理建议

8.2.1 混凝土渗漏处理宜选择渗漏早期在渗漏迎水面处理，应遵循"上堵下排、堵排结合"的原则。当不具备迎水面处理条件时，在不影响结构安全的情况下可在背水面封堵，背水面封堵时应遵循"先排后堵、排堵结合"的原则，并做好渗漏水冬季冻胀预防工作。

8.2.2 防水堵漏宜靠近渗漏源头，加强排水宜靠近渗漏出口处。对于建筑物本身渗漏的处理，凡有条件的，宜在迎水面堵截、出口处排水。

8.2.3 渗漏处理方案应根据渗漏调查、成因分析及渗漏处理判断的结果，结合具体工程结构特点、环境条件（温度、湿度、水质等）、时间要求、施工作业空间限制，选择适当的修补方法、修补材料、工艺和施工时机，达到预期的修复目标。

8.2.4 裂缝、结构缝、施工缝及其渗漏修补应选择适当的时机，尽量选择低温季节施工。裂缝原则上应选择枯水期和低温季节进行修补施工。

8.2.5 选择修补材料时，应考虑修补材料对水质的无污染性和修补材料在特定环境下的耐久性。

8.2.6 选择修补工艺时，对于集中渗漏处理可按 SL 230 执行，线渗漏处理可按 DL/T 5315 执行，散渗漏处理可按 DL/T 5315 或 SL 230 执行。

附录 A

（资料性附录）

大体积水工混凝土渗漏主要成因分析

A.1 经综合分析，大体积水工混凝土渗漏成因分析整理汇总结果见表 A.1。

表 A.1 大体积水工混凝土渗漏主要成因分析

分类	原因
水泥	水泥品种选用不当
骨料	骨料的品质低劣、级配不当
止水材料	止水材料年久老化腐烂、失去原来弹塑性而开裂或被挤出
勘察	坝址的地质勘探工作不够，基础有隐患
结构	混凝土强度、抗渗等级低
	坝基防渗排水措施考虑不周，帷幕深度或厚度不够
	变形缝尺寸设计不合理、止水结构不合理、止水材料的长期允许伸缩率不能满足变形要求等
配合比	配合比不合理
浇筑	浇筑程序不合理、间歇时间过长、层面处理不符合要求、振捣不密实
养护	养护不及时或时间不够、养护措施不当
温控	温控措施不当
坝基防渗	防渗设施（如帷幕灌浆）施工质量差
	基岩的强风化层及破碎带未按设计要求彻底清理
	基础清理不彻底，结合部位施工质量不符合设计要求、接触灌浆质量差
止水带	位置偏离、周边混凝土有蜂窝孔洞、焊接不严密、密封材料嵌填质量差、与混凝土面脱离等
运行条件改变	基岩裂隙的发展、渗流的变化、冻害、抗渗性能降低、水位与作用（荷载）变化
管理	养护维修不善
物理、化学因素的作用	帷幕排水设施、变形缝止水结构等损坏，沥青老化，混凝土与基岩接触不良，流土、管涌、冻害、溶蚀等
其他	地震等

本标准用词说明

标准用词	严格程度
必须	很严格，非这样做不可
严禁	
应	严格，在正常情况下均应这样做
不应、不得	
宜	允许稍有选择，在条件许可时首先应这样做
不宜	
可	有选择，在一定条件下可以这样做